To _____

送你这份礼物，
感谢你与我风雨同舟！

From _____

Date _____

The Present

Yesterday Is History,

Tomorrow Is A Mystery,

Today Is A Gift,

That's Why We Call It The Present!

人生最珍贵的礼物就是：

把握此刻！

The Present

礼物

〔美〕斯宾塞·约翰逊 著

刘祥亚 潘诚 译

南海出版公司

非常高兴在新春上班第一天收到您寄来的《礼物》一书，此书不错，相信不仅适合初涉职场的年轻人，也适用于每一个生活工作上不快乐的人，无论长幼，都需要励志。

—— 张瑞敏

海尔集团首席执行官

他们真诚推荐

黄伟东（著名管理专家）

　　我真希望自己更早些收到《礼物》,《礼物》让我受益终身。The Present为所有追求成功的人提供一种智慧的思维方式和一个行之有效的方法。

秦　朔（《第一财经日报》总编辑）

　　《礼物》是人生的寓言，"此刻"是人生真正的礼物。它呼唤我们，只要我们还在呼吸，就有发现礼物，让生命更充实、更快乐、更有意义的可能。

孙虹钢（《前程》周刊　《人力资本》月刊执行主编）

　　假如你对过去、现在、未来都坚持理性态度来对待，你会越来越从容，能够摆平一切，身价则翻番增长。

孙路弘（科特勒营销集团中国区高级营销顾问）

　　所有对往事的回顾和总结，竟然集中在一本仅100页的书中，将抽象的哲理普及给每一个平凡的人是斯宾塞·约翰逊的长项。

徐小平（新东方教育集团文化研究院院长）

　　我想送给那些即将工作和正在工作的年轻人这本《礼物》。工作的最终目的是什么？是为了你能够富足、自由、幸福、快乐地生活。

他们真诚推荐

《礼物》是我能提供给员工的强大工具。因为在瞬息万变的时代,它能够帮助优秀人物变得更加集中精力,并最终走向更好展现他们的舞台。

——菲尔·克瑞佩
宝洁有限公司依马斯分公司依马斯大学校长

在如今经济不稳定、社会变化剧烈的年代,《礼物》的内容和读者从中得到的启发是休戚相关的。通过一个现实生活中常见的故事,《礼物》给人们讲述了一个暖人心扉、鼓舞人心的寓言。这本书的附加价值在于它适用于企业和个人。《礼物》将成为国际性的畅销作品。

——吉姆·特安
新加坡赛博·尤瑞卡公司CEO

像许多企业一样,我们需要一些方法来帮助员工更好地工作,从而享受生活。所以,我要把《礼物》送给我们团队里的每一位员工。

——卡门·鲍利斯
克里夫兰蒂·布朗斯NFL团队CEO

每个人都可以在他们的工作和生活中更加成功、更加幸福——如果他们能早日读到这本《礼物》的话!

——诺尔曼·奥古斯丁
洛克希德·马丁公司前主席兼CEO,美国红十字会前主席

目 录

讲故事之前 009

莉斯刚刚获得升职，但她却觉得工作和生活都不开心，所以她向以前的同事比尔求教，想知道他为什么过得那么好。于是，比尔给她讲了礼物的故事……

礼物的故事 015

很久以前，有一个小男孩从一位老人那里听到礼物的故事："在你可能会收到的礼物中，这个礼物是最珍贵的。"小男孩很希望得到这个礼物，却不知道怎样才能得到它。于是他开始走遍世界，四处寻访。但是他找了好久，还是找不到。直到有一天，他终于领悟了老人所说的礼物……

讲故事之后 091

莉斯带着她刚刚收到的"礼物"离开了。在不久之后的一次重逢中，比尔惊讶地发现，莉斯容光焕发，看起来好极了。于是，莉斯给他讲了发生在她身上的礼物的故事……

关于《礼物》107

继《谁动了我的奶酪》之后，时隔五年，斯宾塞·约翰逊给读者们送来了这份珍贵的《礼物》。在这份礼物背后，还会有什么故事呢……

讲故事
之前

Before The Story

一天傍晚，比尔·格林接到一个急促的电话，是他以前的同事莉斯·迈克尔斯打来的。

她听说比尔现在非常成功，就直接说道："你最近有时间跟我见一面吗？"从她的声音里，他听出了一丝疲惫。

比尔跟她说"好的"，然后重新安排了日程，跟她约好第二天午餐时间见面。当莉斯走进餐厅的时候，比尔注意到她面容憔悴。

两人寒暄了几句，点了菜，莉斯告诉他："现在我得到了哈里森原来的职位。"

"恭喜你，"比尔说，"你被提升是我预料中的事。"

"谢谢，可我面临的问题也越来越多，堆积如山。"莉斯坦白地说。

"现在的情形跟原来你在的时候已经大不一样了。我们的人手少了，但工作却多得惊人，没办法把所有的事情都做完。

"而且，我觉得工作和生活都不开心，跟我希望的一点儿也不一样。"

"对了，比尔，"她转开了话题，"你看起来倒不错。"

"我确实过得很好,"比尔说,"我正在享受工作和生活。对我来说,这真是个很美妙的变化!"

"哦?"莉斯很惊讶,"你换工作了?"

比尔笑了起来。"没有,但感觉就像换了工作。这一切大概是一年前开始的。"

"怎么回事?"莉斯好奇地问。

比尔解释道:"你还记得吗?那时我为了得到好业绩,总是一个劲儿地逼迫自己和周围的人。我们总是要花很多时间,费很大的劲儿才能把工作做完。"

莉斯笑了。"当然记得。"

比尔仿佛被自己当初的行为逗乐了,笑着说:"后来我学会了一些东西,部门里的其他许多人也是。现在我们可以又快又轻松地实现好的业绩。

"最重要的是,我现在可以更好地享受生活。"

"究竟是怎么回事?"莉斯问。

"就算我告诉你,你也未必会相信。"

"不妨说来听听。"莉斯很感兴趣。

比尔顿了顿,接着说道:"我从一个好朋友那里听到了一个故事,让我受益匪浅。实际上,这个故事就叫《礼物》。"

"故事讲的什么呢?"莉斯问。

"讲的是一个年轻人发现了一个方法,可以使他每天的工作

和生活变得更快乐、更成功。"

"每天?"莉斯不解地问。

"对,这是故事的精髓所在。

"听完这个故事后,我想了很多,想着如何才能应用故事中的道理,让自己过得更好。一开始,我把这些道理应用到工作中,然后又应用到个人生活中。这给我带来了很大的变化,连我周围的人都注意到了。

"和故事里的年轻人一样,我现在的生活更开心,工作也更出色了。"

"是吗?"莉斯问,"有什么表现吗?"

"嗯,我现在更能集中精力做手头的事情。我从过去学到了更多的东西,而且能更好地做计划。我现在能集中精力把重要的事情做完,而不再拖延那么长时间。"

"仅仅一个故事就能让你得到这么多?"莉斯似乎难以置信。

"哦,这只是我自己从这个故事里得到的东西。不同的人会从礼物的故事中得到不同的东西,这要取决于听到这个故事时,他们在生活和工作中所处的状态。当然,也有些人听完故事后一无所获。"

"这个故事是一则实用的寓言,"比尔继续说道,"因此,重要的不是故事说了些什么,而是你能从故事中得到什么有价值的启示。"

莉斯问："你能给我讲讲这个故事吗？"

比尔喝了口水，放慢语速说道："莉斯，我不知道给你讲这个故事有没有用，因为你似乎总是在怀疑一切。你很可能轻易地把这种故事贬得一文不值。"

这时候，莉斯才彻底放下了心里的戒备。她坦言自己在工作和生活中都承受着巨大的压力，今天来就是想得到一些帮助。

比尔记得自己也曾有过那样的感受。

莉斯说："我真的很想听听那个故事。"

比尔一直都很喜欢和尊敬莉斯。于是他说道："这个故事对你有什么用处完全要取决于你自己，如果你明白这个道理，我就很乐意讲给你听。"

"而且，"他又补充道，"如果你觉得这个故事对你有帮助，就把它告诉给其他人。"

莉斯同意了。比尔继续说道："第一次听到这个故事的时候，我就发觉其中有些东西比我预想的还要耐人寻味。

"听故事的过程中，我一直在做笔记，帮助自己记住那些将来可能用得上的真知灼见。"

莉斯觉得自己可能也会发现一些有用的东西，所以也拿出了一个小笔记本，说道："我准备好了。"

接着，比尔开始讲述礼物的故事。

礼物
的故事

The Story Of The Present

从前有个孩子，他从一位智慧的老人那里听说了礼物的故事，并渐渐领悟了其中的道理。

老人和孩子相识有一年多了，两人很喜欢在一起聊天。

有一天，老人对孩子说："它之所以叫礼物（The Present），是因为在你能收到的所有礼物（The Gift）中，你会发现它是最珍贵的。"

"为什么它这么珍贵呢？"孩子问。

老人解释说："因为收到这个礼物之后，你会变得更快乐，无论每天做什么事，也都能做得更好。"

"哇！"孩子兴奋地叫起来，虽然他并不完全明白老人的话。"我希望有一天会有人送我这样一个礼物，说不定那会是我的生日礼物。"

说完，孩子就跑出去玩儿了。

老人笑了。

他不知道这个孩子要过多少个生日才能领悟礼物的价值。

老人很喜欢看孩子在附近玩耍。

老人常常看到他在附近的树上荡秋千,看到他灿烂的笑脸,听到他欢快的笑声。

孩子过得很快乐,无论做什么事都非常投入,别人光是看着他,都会觉得开心。

孩子渐渐地长大了,老人一直有意无意地留心着他做事的方式。

星期六的早上,他偶尔会看到他的小朋友在街对面修剪草坪。

孩子一边干活儿,一边吹着口哨。似乎不管做什么,他都能做得很开心。

一天早上,孩子看到了老人,想起老人曾对自己提起的那个礼物。

孩子当然对礼物非常熟悉,比如上次过生日得到的自行车,还有圣诞节早晨在圣诞树下找到的那些礼物。

但是仔细想想,他发觉那些礼物带给他的快乐都不会长久。

他好奇地想:"那个礼物究竟有什么特别的地方呢?

"到底是什么使它比其他礼物更棒呢?

"什么东西才会让我觉得更开心,做事更顺利呢?"

他想不出答案,于是穿过街道去问老人。

The Present

在你能收到的所有礼物中,它是最珍贵的。

他的问题非常孩子气。"那个礼物是不是像魔杖一样,能让我实现所有的愿望?"

"不,"老人笑着回答,"那个礼物跟魔杖和愿望没有关系。"

孩子还是不明白老人的话,回去继续修剪草坪时还在想着那个礼物。

孩子渐渐长大了,他一直没弄明白那个礼物的事。如果它跟愿望没关系,那它是不是指到某个特别的地方呢?

它是不是指到某个陌生的地方去?那里的一切看起来完全不一样:不同的人,不同的穿衣打扮,说着不同的话,住着不同的房子,甚至使用不同的钱。如果是这样的话,那他怎么才能到那个地方去呢?

于是他又去问老人。

"那个礼物,"他问道,"是不是一架时空机器,可以把我带到任何我想去的地方?"

"不,"老人回答,"等你得到那个礼物之后,就不会成天梦想去别的地方了。"

时光飞逝,孩子长成了十几岁的少年。

他开始对周围的一切越来越不满。他一直以为长大之后自

己会变得更快乐。但他似乎总想得到更多——更多朋友，更多喜欢的东西，更多激动人心的经历。

在感觉不耐烦的时候，他会梦想外面未知的世界。他的思绪不由地飘回以前与老人对话的时候，他发觉自己越来越想弄清那个礼物到底是什么。

他又去找老人，问："那个礼物是不是能让我变得非常富有？"

"是的，在某种意义上，它会，"老人告诉他，"那个礼物可以让你获得许多种不同的财富，但它的价值并不是金钱所能衡量的。"

少年更加迷惑了。

"您跟我说过，得到那个礼物后就会变得更快乐。"

"是的，"老人说，"你还会变得更有效率，能把事情做得更好，从而变得更成功。"

"'变得更成功'是指什么呢？"少年好奇地问。

"变得更成功就是指得到更多你需要的东西，"老人回答，"任何你觉得重要的东西。"

"那就是说，我得先确定对我来说什么是成功的？"少年问。

"是的，我们都得先确定这一点，"老人说道，"在人生的不同时期，我们对成功的定义可能也会发生变化。"

"现在对你来说，成功可能就意味着跟父母相处得更融洽，在学校里得到更优秀的分数，体育活动表现得更出色，或者在课余得到一份兼职，并因为工作出色而加薪。

"再过些时候，成功可能意味着更有成就更富足，或者不管发生什么事，都能保持平和的心态和良好的自我感觉。这也是一种成功。"

"对您来说，成功是什么呢？"少年问。

老人笑了起来："到了我这个年纪，成功就是能笑口常开，爱得更深，更好地服务他人。"

少年马上反应道："您觉得这些都是那个礼物帮您做到的吗？"

"没错！"老人回答。

"哦，我从没听其他人说起过这样一个礼物。我想它可能并不存在吧？"

老人回答道："噢，它确实存在。不过，我想你可能还没弄明白。"

你早已知道
那个礼物是什么。

你早已知道
在哪里能找到它。

而且你早已知道
它如何能让你
变得更快乐,更成功。

小的时候
你对它了如指掌。

现在,你只是一时忘记。

老人问道：“小的时候，你经常修剪草坪，那时你觉得开心还是不开心？”

"开心。"少年回答。

"是什么让你那么开心呢？"老人问。

少年想了想，回答："因为我喜欢自己正在做的事。我做得非常好，邻居们纷纷叫我去帮他们修剪草坪。实际上，那时候，对像我那么大的孩子来说，赚的钱算是很多了。"

"那么你在干活儿的时候都想些什么呢？"老人问。

"修剪草坪的时候，我只想着修剪草坪。我总是在想怎么修剪坑洼不平的地方，怎么才能绕开障碍物把草坪修剪好。我还会算算一个下午能剪完多少块草坪，怎么修剪才最好。但大多数的时间，我只是集中精力对付眼前的杂草。"

谈起修剪草坪的时候，他的样子好像这一切都是理所当然的。

老人向前探了探身，放慢语气说道："一点也不错。这正是你能从中获得乐趣的原因。那时，你做得非常快乐也更有效率。"

然而，少年没有花点时间来认真思考他刚刚听到的话。相反，他更不耐烦了。

"如果您真想让我更开心的话，"少年说道，"您为什么不直接告诉我那个礼物是什么？"

"还有在哪里能找到它？"老人反问。

"是的。"少年大声说。

它是你送给自己的礼物，
只有你自己才能找到。

"我也想告诉你,"老人回答,"但我没有那个本事。没有人能为其他人找到那个礼物。"

"它是你送给自己的礼物,只有你自己才能发现它到底是什么。"老人解释道。

少年对这个答案很失望,只好向老人告辞。

少年长成了青年,他决定自己去寻找那个礼物。

他看书、看报、看杂志。他跟朋友和家人聊天。他上因特网搜索。他甚至到远方旅行,想从每一个遇到的人那里找到答案。但是,无论他多么努力地寻找,都没有遇到一个人能告诉他那个礼物究竟是什么。

过了一阵子,他感觉累极了,而且心灰意冷。于是,他放弃了寻找。

之后,这个年轻人在家乡找了一份工作,就在当地的一家公司上班。周围的人都觉得他看起来过得不错,但他自己却觉得缺了点儿什么。

工作的时候,他总想着在哪里可以找到自己更喜欢的工作,或是回家之后可以做些什么。

开会的时候,他老走神,甚至和朋友聊天的时候也这样。吃饭的时候,他也经常心不在焉、食不知味。

在工作上,他负责的项目还算过得去,但他知道自己还可以做得更好。他心里明白,自己并没有倾尽全力,但他并没觉得自己这样做有什么问题。

过了一段时间,年轻人意识到自己过得并不开心。他觉得自己工作已经够努力了,而且也完成了分内的事情。他总是准时到办公室,觉得自己把一整天都投入到工作中了。

他早就希望自己能获得提升。或许那样能让他快乐一些。

可有一天,他却得知那次的晋升人员里没有他,他原以为自己完全有那个资格。

年轻人非常生气。他不明白为什么自己被忽略了。他尽量控制自己,不让愤怒表露出来,因为在工作中那是不受欢迎的。然而,他也没有办法排遣怒气,结果自己被折磨得非常痛苦。

随着年轻人怒气的日积月累,他的工作质量开始下降。

面对周围的人,他努力装出一副满不在乎的样子,好像对升职的事一点儿也不在意。但在内心深处,他开始对自己产生怀疑。"我究竟有没有成功所需要的能力?"他很踌躇。

年轻人的个人生活也好不到哪儿去。跟女朋友分手后,他一直没办法振作起来。他甚至怀疑自己究竟能不能找到真爱,建立一个属于自己的家庭。

他发现自己现在事事不顺,生活里满是无奈的"烂尾事"

礼物的故事

——无疾而终的项目、无法实现的目标和一大堆白日梦。

他知道自己没有兑现小时候许下的诺言。

每天下班回家,他都觉得比前一天更疲惫,更灰心。他似乎永远都不满意自己正在做的事情,但又不知道该怎么办。

他想到了自己小的时候,那时的生活似乎比现在单纯得多。他想到了老人的话,还有那个礼物的美妙承诺。

他知道自己没有享受现在的工作和生活,不像自己期望的那么快乐,那么成功。

或许他不该放弃寻找那个礼物。

他已经很久没跟老人聊天了。他觉得自己现在的状况这么狼狈,实在不好意思回去向老人寻求帮助。

但后来,他对工作和生活实在太失望了,他知道自己必须去找老人谈谈。

见到他,老人很高兴。但他同时发现年轻人无精打采、郁郁寡欢。老人很担心,劝年轻人把心事都说出来。

年轻人讲述了自己寻找那个礼物屡次受挫的经历,后来又是怎么放弃的。他也说出了自己目前的困境。

但是,让年轻人惊讶的是,向老人倾诉之后,事情好像没有那么糟糕了。

年轻人和老人又说又笑，度过了一段愉快的时光。

年轻人发觉自己非常喜欢跟老人待在一起。在老人面前，他觉得自己更开心，更有活力。

他很好奇为什么老人看起来比自己认识的绝大多数人都更有活力。究竟是什么让老人如此与众不同？

他对老人说："跟您在一起的时候，我感觉非常好。这跟那个礼物有关系吗？"

"当然，每件事都和它有关系。"老人回答。

年轻人说："真希望我能找到那个礼物，最好就在今天。"

老人笑着说："要找到你自己的那个礼物，就想想你在什么时候感觉更快乐、做事更有效率，想想你更专注并且感觉更成功的那些时刻。

"其实你本来就知道那个礼物在哪里，只是你没有意识到而已。"

他继续说道："如果你不再那么执着地去找，反而更容易找到。实际上，那样一来，它倒变得明朗起来。"

接着，老人建议说："你为什么不把日常事务放下一段时间，让答案自己出现在你面前呢？"

年轻人听从了老人的建议，接受了一个朋友的邀请，去朋友的山间小屋住了一段时间。

独自一人住在树林里，年轻人感觉一切都放慢了节奏，生活变得完全不同。

他长时间地散步，边走边反省："为什么我的生活跟老人的生活那么不同呢？"

年轻人知道，虽然老人从不炫耀，但在世人眼里，他已经是非常成功的典范。

他从一家知名企业的基层做起，一直奋斗到最高层。与此同时，他也为自己的社区做了很多事情。

老人的家庭稳定，一家人相亲相爱。他还有许多忠实的朋友，他们也经常来看他。他个性幽默、才智过人，深受其他人的爱戴和尊敬。

最重要的是，他一直保有一种平和的心态，而这正是年轻人极少从其他人身上发现的。

年轻人想着，露出了微笑。"他旺盛的精力简直和跟他一半岁数的人一样。"

老人显然是年轻人见过的最快乐、最成功的人。

那么，究竟是什么礼物让老人得到这么多呢？

年轻人沿着湖边走了很长的路，反反复复想着他知道的关于那个礼物的东西。*它是你送给自己的礼物；小的时候，你曾非常了解它；现在，你只是一时忘记。*

可是，他又想起了自己的失败。他还清楚地记得自己与希冀已久的升职失之交臂的情形，一切仿佛都是昨天才发生的事

其实你本来就知道那个礼物是什么，现在，只是一时忘记。

情。现在，他仍然觉得气愤难平。

他越想越烦忧，不知道回去工作后会怎样。

这时，他发觉天快黑了，于是匆忙赶回小屋。

进了门，他点起火驱散寒意。这时，他注意到一些先前不曾留意的东西。

他凝视着火焰，第一次发现小屋里的壁炉如此精巧。

壁炉是用大大小小的石头砌成的，石头之间只涂了很少的石灰。看得出，当初砌壁炉的人曾非常细心地挑选、打磨和堆砌每一块石头。

注意到这一点后，年轻人由衷地赞赏一直就在他眼前的这件作品，心中顿时充满了喜悦。

不管这个壁炉是谁砌的，砌它的人都不只是一个工匠，而是一位艺术家。

年轻人一边欣赏着精美绝伦的壁炉，一边想象着那个工匠在干活儿时的感受。

他肯定花费了很多时间、倾注了全部精力在眼前的工作上。显然，他没有时间去东想西想，因为这件作品实在太出色了。

他恐怕不会浪费时间去回想某段往日的恋情，或者盘算今天的晚饭吃些什么，甚至不会去计划工作结束后的活动，或是自己本应该做些什么更有乐趣的事。

从这个让人惊叹的作品中，年轻人就能看出那位石匠是成

功的。在那些时刻，他一定是全神贯注于手头的工作，也因此得到了更多的享受。

老人曾说过什么来着？"要找到那个礼物，就想想自己更快乐、更高效并且感觉更成功的那些时刻。"

年轻人回想起自己小时候和老人聊天,说到修剪草坪的事。他记得自己当时修剪草坪是那么专注，任何事情都不会分散他的注意力。

"当你全身心投入你正在做的事情时,你的心思就不会游离不定。你享受生活。你也会更快乐更有效率。你下决心只关注那一刻发生的事情。那种集中和专注将带领你走向成功。"

年轻人发觉自己已经很久没有那种感受了——不论是在工作中还是在其他事情上。他浪费了太多时间为过去而沮丧，或是为将来而担忧。

年轻人看了看屋里的其他地方，又把目光转向炉火。那一刻，他不再想过去的事情，也不再担心将来可能发生什么。

他只是专注地欣赏自己所在的地方,享受自己正在做的事情。

一丝微笑浮上他的嘴角。他发觉自己现在很开心。

他只是享受着自己正在做的事情,享受着把握此刻的感觉。

突然，他想到了什么。原来如此！

他知道那个礼物 是什么了……知道它过去是什么, 也知道它现在是什么。

那个礼物
既非过去
亦非将来。

那个礼物
就是此刻!

那个礼物
就是现在!

年轻人忍不住笑了起来。竟然如此简单！他深深地吸了口气，让自己放松下来。他环顾小屋里的一切，从一个全新的角度来欣赏它们。

他走到屋外，望着夜空下树木的轮廓和远山上的积雪。

他看着初升的月亮在湖面上投下的倒影，聆听鸟儿们的夜歌。

现在他注意到了许多东西，它们一直就在他的眼前，只是以前他不曾留心。

现在他体会到很长时间以来没有过的平和与快乐。他不再觉得自己是个失败者。他想着那个礼物，越想越觉得意味无穷。

礼物（The Present）就是把握此刻，全神贯注于正在发生的事，珍惜和欣赏每天得到的东西。

现在想来，他发现每当自己能够把握此刻的时候，都会对手头正在做的事情更清楚、更专注。在那一刻，他其实很像那位修建壁炉的工匠。

现在他终于明白，从小时候起，老人一直想告诉他的是什么了。

第二天早上，年轻人一觉醒来，觉得整个人神清气爽。他迫不及待地想要把自己的发现告诉老人。

穿衣服的时候，他一直专注于此刻，他惊讶地发现自己的精力更加充沛了。

他做了笔记，记下回去工作后想要做的一些事。一想到自己的工作会变得更有效率，他的脸上不由地露出了微笑。才一天工夫竟有如此变化！

他想起昨晚的自己。当时，他专注于那一刻的时候，发现了答案。那一刻，他想的只是自己所在的这个地方，以及自己正在做的事情，其他的什么都没想。

他很庆幸自己到山里来想事情，而且是独自一人。

想到这里，他提醒自己"把握此刻"。他深深地吸了一口气，让心情重新平静下来。

他心想，这太简单了，见效还这么快，简直让人难以置信。

然而，他又皱起眉头问自己："那个礼物真的这么简单吗？毕竟，生活是很复杂的啊。光是工作上的事情似乎就已经够烦琐了。"

他有些疑虑，但是，现在他回到此刻，欣赏此刻的一切，他微笑了。

准备离开的时候，他却又开始怀疑。

如果不是在一个舒适的山间小屋里，而是在别的不太愉快的环境里，把握此刻还能这么奏效吗？毕竟，身处好的环境是一回事，而陷入糟糕的环境又是另一回事。

那时，该如何把握此刻呢？

还有，过去和未来究竟重不重要？如果答案是肯定的，那么它们的重要性又在哪里呢？

在去找老人的路上，他发现自己还有很多问题想问。

这时，他提醒自己回到此刻，他对此刻正在发生的事看得更清楚了。

他开始欣赏自己，欣赏自己所在的地方。他享受着此刻。

把握此刻

一看到年轻人满面笑容、神采奕奕的样子,老人就大声喊道:"看来你已经找到那个礼物了!"

"是的!"年轻人也大声回答。

老人高兴地笑了,他知道年轻人一定有办法找到的。那一刻,两人都觉得特别高兴。

老人说:"告诉我,你是怎么找到它的。"

"哦,当时我发觉自己很快乐。我注意到,在那一刻,自己既没有想过去的事情,也没有为将来担忧。

"就在那一瞬间,我想通了。给自己的礼物就是当前这一刻。现在我明白了,把握此刻就是专注于眼下正在发生的事情。"

"的确如此,"老人接过他的话,"这其中有两层意思。"

年轻人并没有听到老人的话,而是继续说道:"我在一个很好的环境中领悟到了礼物的内涵。当时我正在朋友的一个山间小屋里。"

接着,他又有些迟疑地问道:"我现在不太清楚,如果是在糟糕的环境下,'把握此刻'还能对我有什么帮助呢?"

老人反问道:"那么当你领悟到'把握此刻'的时候,你是在想那些好的事情,还是那些坏的事情呢?"

　　"虽然当时还是有些事情挺糟的,但我想的只是那些好的事情。

　　"我知道自己正待在一个美丽的地方,享受着一段宁静的时光。"

　　老人说道:"想想这个:

即使
在最艰难的环境中,

只要你专注于
此刻美好之事,
现在
就能感到更加快乐。

这将给你所需的
力量和自信
去解决任何不妙的难题。

礼物就是把握现在!

老人的话确实有道理。"这么说,把握此刻不仅仅意味着专注于此刻正在发生的事情。"

"还意味着要专注于此刻好的事情。"年轻人补充道。

"是的,"老人说,"正是如此。"

年轻人又想了想。"这确实有道理。在情况不好的时候,我总是只想着糟糕的事情,结果感觉很沮丧、很灰心。"

"许多人都是这样。实际上,现实中的绝大多数情况都是好坏参半、对错交杂的。关键在于你如何去看待它们。

"你越是关注那些好的事情,今天的效率就会越高,也会变得更成功。"

"你越是死盯着那些错误的方面,"老人说道,"你的力量和信心就会越弱。因此,当你发现自己的处境不利的时候,努力去发现其中好的方面是非常重要的——即使好的方面很难被发现。然后,你要发掘这些好的方面的优势,在此基础上重建信心。"

"你越是关注此刻好的事情,就会越快乐。这样一来,你整个人也会放松下来,从而更好地把握此刻并享受此刻。"

年轻人问道:"如果此刻非常痛苦怎么办?比如失去了恋人?"

"痛苦,就是现实和理想之间的差距。"老人说道。

"此刻的痛苦和其他所有东西一样,是不断变化的。它会出

现，也将消失。

"当你完全专注于此刻，感受到了痛苦并饱受折磨的时候，你就可以开始寻找一些好的方面，然后在此基础上恢复信心和勇气。"

年轻人开始记笔记，帮助自己记住学到的东西。

他又问："我有一种感觉，似乎我现在知道的东西只是冰山的一角，还有更多的东西隐藏在海底，为什么会这样呢？"

老人答道："那是因为你刚刚开始领会和欣赏周围的一切，还有很多东西在等着你去发现呢。"

他提议说："既然你已经找到了属于你的那个礼物，而且看来还想了解更多，我倒是很乐意同你分享我所知道的东西。"

年轻人说他愿洗耳恭听，于是老人继续讲了下去。

"经历痛苦并从中学习，这是非常重要的。"他说道，"面对痛苦，不应该一再试图逃避。"

把握此刻
就不能分心旁顾，

而要专注于
此刻重要的事情。

你将注意投向此刻，
就创造出属于自己的此刻，
这也是你给自己最好的
礼物。

年轻人说道:"这么说,即使是在困难的环境里,我也必须抛开那些细枝末节的事情,因为它们会妨碍我把握此刻。"

"你可以从你自己的生活里找到这样的例子,"老人说,"以前你说你在工作中遇到了困难,过去的感情经历也不如意。"

"你不妨问一问自己:'工作的时候是经常走神,还是全神贯注于当时最重要的事情?'

"再想想工作之外的生活。

"跟恋人在一起的时候,你有没有全心投入呢?你们在一起的时候,你是不是觉得她非常重要,要把整个心思都放在她身上呢?

"恋爱的时候,你需要关注她整个人。随着你慢慢了解了她的优点和缺点,你就可以防患于未然,而不是等到问题发生时被困住。

"与其告诉你其他人是如何通过把握此刻变得更快乐、更成功的,还不如让你在以后的日子里自己去发现,这样对你会更有意义。"

年轻人说:"在离开之前,我能问一下关于过去和将来吗?"

老人回答:"我们过段时间再讨论这两个重要的问题吧。现在,我们还是待在此刻好了。

"当你把握此刻,专注于当前重要的事情时,你会有许多奇妙的发现。"

年轻人相信老人的话肯定有道理，于是就暂时不去考虑过去和未来。在放下心思的那一刻，他顿时感觉好了很多。

年轻人笑了笑。他知道，只是处理今天的事情，确实要简单容易得多。现在他觉得压力变小了，而且更有自信。

他知道，如果今天他能做到把握此刻，那么以后每天也都能做到。

在离开之前，他把到现在为止于对礼物的领悟总结了一下：

专注于此刻正在发生的事情。

发现其中好的方面，并在此基础上建立信心和勇气。

将注意力放在此刻重要的事情上。

他向老人道谢，告诉老人，他准备回去工作，并试着把他发现的东西付诸实践。

他知道，这意味着他得清楚地了解此刻形势下的各种利弊，这样才能克服障碍，让自己享受工作并获得更大的成功。

在接下来的那个星期，上班的时候，年轻人重温了与老人聊天时所做的笔记。

然后，他定下心来处理在手中搁置了很久的一个项目。之前，他觉得要找到完成项目所需的所有资料很困难，所以一直

拖到现在。

现在，他想起应该用一用刚学到的东西。

于是，他停下片刻，让自己专注于此刻。他深吸了一口气，看了看周围，欣赏此刻好的方面。

他发觉虽然自己没有得到提升，但毕竟还保有工作。他的工作环境很不错，四周都很安静，而且井井有条。

他还有很多机会，可以为自己的工作赢得认可。

他发觉，人真的很容易忽视自己现在所拥有的东西。

接着，他把精神集中到现在最重要的事情上来。他知道，自己得先在一个项目上取得进展，然后在此基础上建立信心和勇气，再成功地完成下一个任务。

他开始一个一个地解决问题。他遇到了一些难题，但他没有因此把精力转移到其他事情上去，而是坚持把握此刻。

他完全投入到此刻应该做的事情上，而且坚持了下来。

他惊讶地发现，自己居然只用了一两个小时就把事情做好了。尽管这只是一个小项目，但他仍为自己的工作成果高兴，因为那毕竟是一项完整的工作。

他心想："我已经很久没有从工作中获得享受了。"

"把握此刻对我真的很有效啊。"

在接下来的几个星期里，年轻人继续沉浸在工作中，周围的人头一次见他如此专注和努力。

礼物的故事

学会把握此刻之前，他经常在开会的时候做白日梦，渴望升职的念头总在他的脑子里，挥之不去。

现在，他明白了，如果想把今天的工作做好，最重要的就是专注于此刻。他专注于现在好的方面，并在此基础上建立信心和勇气。

他知道，自己可能无法一辈子时时刻刻都把握此刻。但是，如果今天可以做到，那么明天也可以做到。每一天，当他能够更好地把握此刻的时候，他发现自己变得更快乐，更有效率，也更成功了。

现在，当其他人发言的时候，他会放下自己正在考虑的事情，认真倾听别人在说些什么。他努力让自己参与到讨论中去，并挑战自己，每次讨论至少要提出一个新观点。

很快，他的客户和同事们都注意到了他的变化。他以前漫不经心，现在却开始真心地关注他们的需要，以及能为客户和他们的公司提供哪些帮助。

在个人生活中，他的朋友们也留意到了他的变化。他更加认真地倾听他们的谈话，就像老人倾听他的谈话一样。

一开始，他必须刻意地努力，才能让自己专注于此刻，不分心去想过去遗憾的事，或是忧心将来的变数。但是，通过不断应用，他发现把握此刻其实并不难。

思想改变之后，他的工作和生活都有了起色。

他对工作越来越强烈的激情和投入引起了上司和朋友们的注意。

他开始认识到，只有当工作出色，值得奖励的时候，他才更有可能得到提升。他对上司的怨气开始消退，至少有些时候是这样。

或许最重要的是，他遇到了一位出色的女孩，开始了一段美好的恋情。

他的一切似乎都在好转。他越关注此刻，就越觉得精力充沛，越能掌控自己的生活。他变得更加自信，更加坚强，更富有创造性。

他珍惜自己拥有的东西，专注于现在重要的事情，他享受着这一切。

难怪老人说把握此刻是你能给自己的最好的礼物。

过了一段时间，正当他以为自己已经知道如何把握此刻的时候，另一个问题出现了。

在跟另一个人合作一个项目的时候，他遇到了困难。他的搭档工作不努力，而且没有提出什么有用的想法。年轻人没有劝说他的搭档用心工作，也没有把问题报告给上司，而是独自一人承担起所有工作。

没过多久，他的进度开始落后了。

结果他没有在最后期限内完成工作。

礼物的故事　　49

这是一个很重要的项目,他的上司对此很失望。

年轻人觉得自己失败了。他刚刚建立起来的自信开始减弱。

到底是哪里出错了?他以为自己已经完全专注于此刻了。

年轻人对自己很失望,他呆坐在那里,耷拉着双肩,低垂着头,望着办公桌,觉得累极了。

他很想知道,如果在同样的情况下,老人会怎么做。

他想来想去也想不明白,于是又去找老人。

向过去学习

老人注意到年轻人情绪低落,但仍然热情地招呼他:"我一直在等你来。"

年轻人说道:"您告诉我,只要把握此刻,就可以让我更快乐,做事也更成功。

"我努力坚持把握此刻,也确实看到了这样做给我带来的好处,但是只有这些似乎还不够。"

"你会这么说,我一点儿也不觉得意外。"老人说道,"要完全地拥抱此刻,仅仅把握此刻还不够。"

"不过,我一直在等你自己发现这一点。"

老人让年轻人说出了他遇到的问题,然后说:"这么说来,当其他人不用心的时候,你选择了独自挑起重担,而不是直接去解决这个问题。"

接着,他又问:"你刚才说,以前你也做过类似的事情?"

"是的,"年轻人承认,"因为我总是不喜欢跟别人正面冲突。我的上司说这就是我不擅长管理和领导的原因之一。"

他又补充说:"不仅在工作上是这样,我以前的女朋友也说我忽视我们之间的问题。我们之所以分手,这也是一个原因。

"而且,我偶尔还是会想到自己没有得到提升的事。我不知道自己为什么在这个问题上这么放不开。"

老人说道:"或许这几句话可以帮助你:

如果你没有
从过去学到什么，
你就很难让过去的事
真正过去。

一旦你从往事中
学到东西，放下顾虑，
你的此刻
便可得到完善。

"我很喜欢这几句话,"年轻人说,"听起来很有道理。"

接着,他问道:"您不介意我换个话题吧?我想知道您为什么知道这么多。"

老人笑着说:"是这样的,我为一家有趣的公司工作了很多年。我听许多人讲述他们的工作和生活。有些人过得艰难,有些人过得顺心,而我发觉这其中有一些共同的模式。"

年轻人问:"从那些过得艰难的人身上,您发现了什么?"

老人能够体会年轻人此刻的心情。"真有意思,你没有先问那些过得好的人。"

"哎哟!"青年后悔了。

"觉得后悔是对的。可能你是想检讨为什么你更倾向于从错误的那一面开始,看看它是不是真的对你有用。"

老人接着说:"我知道你正身处困境,如果你愿意的话,我们可以从困境开始谈起。"

"大多数身处困境的人常常为自己已经犯下的或可能会犯的错误忧心忡忡,"老人说道,"有些人则为以前工作中的某些事耿耿于怀。"

"我了解那种感受。"年轻人插口道。

"然而,那些过得很好的人大多专注于眼前的工作。和其他人一样,他们会犯错误,但是他们能从错误中学到东西,放下思想包袱,然后继续前进。他们不会老是谈论过去的错误。"

礼物就是向过去学习！

老人继续说道:"在我看来,你没有正视过去,从中学到东西,而选择了忽略过去。

"很多人都不愿意回顾过去,因为他们不想被往事困扰。他们会说:'都是我过去的经历让我落到了今天的地步。'他们却不问问自己,如果当初他们正视过去,从不足中吸取教训,今天又会如何?

"结果就是,他们从过去的经历中学到的东西很少或者根本一无所获。"

年轻人接口说道:"所以,他们像我一样,继续犯同样的错误。从这个角度讲,他们现在仅仅是在重复过去。"

"说得好,"老人说道,"如果你不用心去感受过去,从中吸取经验教训,你就无法体会此刻的乐趣。一旦你从往事中真正学到了东西,那么要快乐地享受此刻也就容易多了。"

"虽然人不应该活在过去——那样的话,你就不是活在此刻了——但从以往的错误中吸取教训是非常重要的。或者,如果你过去做得很好,那就想想为什么能做得好,并在此基础上再接再厉。"

年轻人有些不明白,问道:"那什么时候我应该把握现在,什么时候又该向过去学习呢?"

"这个问题问得好。"老人说。

"这几句话也许对你有帮助:

只要你在此刻
感到不快乐,

只要你想更多地
享受此刻,

这个时候,
向过去学习,

或着手创造
将来。

"有两样东西会影响你此刻的快乐:对过去的消极想法,以及对将来的消极看法。"

老人建议道:"你可以先反思一下你对过去的想法,这样对你会很有帮助。"

"我们以后再来讨论将来的问题。"老人承诺道。

年轻人说道:"这么说,只要我感到自己此刻的快乐受到了影响,或成功受到了阻碍,这个时候就该回头看看过去,从中吸取经验教训。"

"是的。"老人回答。

"一旦你想超越过去,更好地享受此刻,"他进一步说,"这个时候,你就应该向过去学习。"

"当你觉得心烦意乱,或者对过去怀有任何消极情绪,影响你享受此刻,这时你就应该花些时间审视过去,从中吸取经验教训。"

年轻人问:"为什么应该在我产生消极情绪的时候去学习呢?"

老人回答:"因为你的真实感受会让你受益匪浅。"

"那我该怎么学习呢?"

老人回答:"据我所知,最好的方法是问自己三个问题,然后尽量诚实地作出回答:

"过去发生了什么？

"我从中学到了什么？

"现在我可以做哪些不同的事？"

年轻人想了一会儿，说道："也就是说，要重新审视自己犯下的错误，以及自己的感受，然后考虑现在如何改进。"

"是的。另外，不要对自己太过苛刻。要记住，你已经尽力而为了。现在，你比过去懂得多了，也有能力做得更好。"

年轻人说道："也就是说，如果采取同样的做法，就会得到同样的结果。但是，当你改变了做法，就会得到不同的结果。"

老人说："是的，你从过去学到的东西越多，你的遗憾就会越少，你现在拥有的时间也就越多。"

告别老人之前，年轻人记下了几条笔记：

审视你对过去发生的事
有怎样的感觉,

从中学到
宝贵的东西,

再用你学到的东西
让今天的工作和生活
更令人愉快。

你无法改变过去,
但可从中学习。

当同样的情形再次出现,
今天你可以采取不同的做法,

变得更快乐、
更高效和更成功。

第二天早上,在去上班的路上,年轻人还在想着老人的话。

那天,他努力专注于当前的每时每刻,也留意回顾过去,从中学习。

当那位搭档又一次没能做好分内工作的时候,他坦诚地对她说出了自己的担忧。

一开始,她很反感,并抗拒年轻人提出的批评。但是,两人交流之后,她为年轻人的坦诚相待而感到高兴。她很清楚这个项目不能出任何差错,还告诉年轻人,她自己也希望能把工作做好。

年轻人很高兴自己从过去的经历中获益,并在此刻采取了不同的做法。在接下去的几个星期里,他反复应用自己所学到的东西,结果大大提高了每天的工作效率。

在工作中,他与其他人的关系也有了很大改善。现在,他的上司委以他更多的重任,并提升了他。

在个人生活中,他投入越来越多的时间跟那个女孩在一起,两人都非常看重这份感情。

这段时间里,他真是处处得意。

可是,新的职位带来了越来越多的责任和工作,他渐渐感到自己没有办法每件事都做到尽善尽美。

每当这个时候，他会深吸一口气，让自己专注于此刻，这给了他很大帮助。

然而，每天早上走进办公室的时候，总是有更多的工作在等着他去完成。

他没有什么日程安排，也不清楚应该先做哪一项工作。他周旋于各个项目之间，却总是把大量时间浪费在次要的事情上，而那些亟待处理的重要事务却被搁置一旁。

没过多久，他对手中的项目失去了掌控。面对上司的质问，年轻人只能无奈地摊开手说事情太多而时间太少。他的上司开始怀疑自己当初究竟该不该提升这个人。

垂头丧气、不知所措的年轻人只好又去求助他的朋友——老人。

着手创造将来

"你过得好吗?"老人问。

年轻人苦笑着回答:"时好时坏。"接着,他讲述了自己的困境。

"我不明白,"年轻人说道,"我已经完全投入到此刻了呀。"

"大家都称赞我专心致志做事的能力。

"我也努力从过去吸取经验教训,不再为以前的遗憾而耿耿于怀。我把学到的东西付诸实践,现在能把事情做得更好了。

"但我还是没有办法把所有的事情照顾周全。也许我根本不能胜任这个职位。"

老人点了点头。"目前来说,可能是这样。不过你忘了,关于'礼物',还有一件事你至今没有发现。

"你向过去学习,并用学到的东西来改进此刻的行动。我感觉,把握此刻让你对周围的世界有了更多的关注和赞赏,也帮助你提高了做事的效率。看起来,你正在快速地进步。

"但是,你还没有领会第三个要素——将来的重要之处。"

年轻人说道:"可是,如果我总是想着将来,我会觉得不安。我知道,当我做着白日梦,幻想着得到自己梦寐以求的房子、职位和家庭的时候,我就不是活在此刻了,那会让我迷失自己。"

老人说道："确实是这样。你不应该活在对将来的空想中，因为那会让你在焦虑和渴望中迷失自己，但是着手创造将来还是非常明智的。

"除了运气之外，唯一能让将来比现在更好的方法就是着手创造它。

"就算你碰巧运气好，这运气也总有消失的时候，它还会给你带来其他的问题。所以，你不能光指望运气会带来一个更好的将来。"

"您说的'着手创造将来'指的是什么呢？"年轻人急于知道，"着手创造将来与把握此刻又有怎样的联系呢？"

"是这样的，现在的创造会成为将来的一部分，"老人指出，"这远远超乎我们的想象。"

"显然，没有人能操控将来。

"但是，我们在今天在此刻所想的所做的，会成为我们明天的重要组成部分。

"无论是工作还是生活，如果你对将来抱有消极的想法，那你今天的行动也是消极的，明天你创造出的结果会更糟。"

"这么说，"年轻人说道，"如果我今天所想的所做的都是积极的，会有助于创造一个更美好的明天。"

"是的。你完全可以相信这一点，"老人说，"这就是现在和将来的关系——对每个人都一样。"

礼物就是着手创造将来!

接着，老人提出建议："如果你想着手创造将来，第一步就是把握此刻。首先，要感激和欣赏此刻好的方面。

"接下来，想象一个更美好的将来是什么样子的，制定一个切实可行的计划，然后采取积极的行动来实现它。"

"这么说，我所要做的第一件事是想象将来。"

"是的。栩栩如生地勾画每个细节，使它变得非常真实。

"接下来，制定一个计划，作为你的行动指南。它会让你看清方向，帮助你专注于此刻需要做的那些事，实现你想要的将来。

"作出计划，并且今天就采取一些行动，这样可以减少你的恐惧和不安，因为你正在积极地一步步地迈向成功的将来。你知道自己在做什么，为什么这样做，因为你看到它正引导你走向理想的将来。"

"你可以这样想：

没有人能预知将来，
也没有人能操控将来。

但是，对你所期待的事情
想象得越清晰

并为之计划，

今天就做些事
使之成真，

你此刻的担忧就越少，

将来对于你也就更明确。

老人继续说道:"不管是在工作还是生活中,缺乏想象、计划以及行动,就是我们未能充分发挥潜力的最常见的原因。"

年轻人问道:"那我该在什么时候着手创造将来呢?"

老人回答:"你先要懂得欣赏此刻,珍惜现在拥有的东西。然后,只要你产生希望将来比现在更好的念头,无论什么时候,你都可以开始。"

年轻人又问:"您觉得怎么做最好?"

老人建议道:"你可以试着回答这些问题:

"现在有什么是积极的,我对它们的感觉又是如何?

"美好的将来是什么样的?

"为实现这样的将来,我有什么计划?

"为使之成真,今天我可以做些什么?

"你对期望中的将来描绘得越清晰,对实现这一切越有信心,就越容易制定计划。

"有了计划之后,随着经历和信息的增加,你可以不断地进行修订,这样它就变成了一个'活的计划',更有弹性,更实际,也更可能实现。

"最重要的是,每天都做一些事情——哪怕你觉得只是一件微不足道的小事——来帮助你实现美好的将来。"

年轻人写下了笔记:

从今天开始,

描绘一个美好将来
是什么样子。

制定一个现实的计划。

并做一些事
使之成真。

年轻人眼睛一亮。"我想这三个步骤非常有用。当我没有做好这些事的时候,我常常会走到岔路上。

"我常常把时间花在无关紧要的事情上,结果没多少时间去做那些真正重要的事情。

"现在,我开始明白为什么我总觉得被压得喘不过气来。我没有花时间去想象将来并作出计划,然后按计划行事。"

老人建议道:"你可以把'礼物'的三个部分看成一个三脚架——把握此刻、向过去学习和着手创造将来——它们一起平稳地支撑着一台贵重的照相机。

"移去其中任何一支脚,三脚架都会倾倒。但是如果三者共同起作用,那么就可以稳定而有效地支撑它。这在你的工作和生活中也是一样。

"如果你没有把握此刻,就无法看清正在发生的事情;如果你没有从过去的经历中学到东西,就无法计划将来;如果你对将来没有计划,你就会摇摆不定。

"当你把工作和生活用现在、过去和将来组成的三脚架支撑起来的时候,你就会有一个更清晰的图景。

"你才能更好地应对将来发生的任何事。"

年轻人细细咀嚼着老人的话,带着更清晰的思路激动地回

去工作了。

每天早上，他会想象自己希望今天发生的事，作出当日的计划，并留出足够的时间和精力来应对突发事件。他也用同样的方法制定每周和每个月的目标。

参加会议之前，他会整体考虑一遍自己想在会议上解决哪些问题。

每当获知一项任务的时间期限，他都会制定出时间表，为每一项具体的工作安排好时间。

在个人生活中，他也使用同样的方法作出计划。他把重要的事情摆上日程，并作出相应的安排。

约朋友见面时，他会特意留出路上的时间。不论是在家，还是在办公室，他都不会等到最后一刻才匆匆忙忙行动。

通过想象和计划将来，并以此来推动此刻的行动，他现在更能有效地激励他人，完成更多的工作。现在他的感觉真是棒极了，他第一次感受到对生活如此强有力的掌控。

渐渐地，他的上司发现了他出色的工作效率，于是再次提升了他。

最重要的是，年轻人订婚了，正在和未来的伴侣一起想象和计划他们共同的将来。

现在，每天上班的时候，年轻人都能很好地运用"把握此刻、向过去学习和着手创造将来"的策略。

这样做给他带来了丰厚的回报。他的工作一帆风顺，得到了同事们的尊敬，而且能够非常自信地完成大多数任务。

一天，年轻人参加了公司的一个预算会议。他知道公司目前产品的销量正在下降。虽然整个社会的经济发展比较缓慢，但他也不得不承认那几家对手公司提供了更物美价廉的产品。

因此，当财务部门的人建议针对全体人员削减成本的时候，他一点儿也不觉得惊讶。这项建议意味着包括他在内的与会者都将失去一部分人手和其他重要资源。

在会议过程中，他始终关注着正在发生的事情。他听到有人说银行家建议将成本高昂的研发活动至少停止一年，这样可以很快地省下一大笔钱。许多与会者都觉得这个建议很有道理。

但是，一位女士却发言指出这个建议并不能解决真正的问题。她刚好说出了年轻人想说的话。

年轻人接着发言："也许真正的问题在于，我们目前的产品不如对手公司的产品好。削减研发投入，或许现在可以省下一些钱。但是，如果我们不自我投资，开发出更好的产品以备投放将来的市场，用不了几年，公司就会面临被淘汰的危险。"

他的发言引发了大家激烈的讨论。

过了几天，在上司的支持下，年轻人整理了一份报告，说明了客户对新产品有哪些期望。

在描述构想中的新产品时，他实际上描绘出了公司将来的

把握此刻、向过去学习和创造
将来，你的人生会变得更美好。

美好前景。

接下来的几个月里，一些工作人员开始构思并采取必要的行动，开发符合客户期望的新产品。

虽然并非所有的新产品都像预期的那样令人满意，但其中还是有一种产品获得了巨大的成功，公司也因此再度兴盛起来。

年轻人很庆幸自己学会了着手创造将来，这让他和他的公司都受益匪浅。

几年过去了，年轻人已经步入中年。

他仍然与老人保持着联系，老人知道他变得越来越快乐、高效和成功，感到十分欣慰。

中年人正享受着自己的工作和生活。

然而有一天，不可避免的事情终于发生了。

老人去世了。

再也无法听到他那充满智慧的声音了。

中年人受到重击，不知道该如何应对这个变故。

老人的葬礼不仅有城里的一些名流出席，他资助的青少年俱乐部的许多少男少女也来悼念他。

许多人站起身来，讲述了关于老人的不同寻常的故事。他生前似乎帮助过许许多多的人。

中年人坐在那里听着,突然意识到老人是多么了不起——他帮助这么多人改变了他们的生活。

中年人想:"我怎么才能像老人那样帮助其他人呢?"

为了寻找答案,他又回到自己曾经度过快乐童年的那个社区。

多年以前,他的父母搬离了那里,只有在拜访老人的时候,他才会回来。

老人的家现在没有人住,草坪上竖着一个"出售"的牌子。他看着房前门廊上的秋千,以前老人经常坐在那儿享受夜晚的时光。

中年人走上门廊,轻轻地坐到秋千上,担心陈旧的吊索会突然断掉。当他向后靠在磨光的木头靠背上时,周围一下子安静了下来,只剩下秋千的吊索"吱吱呀呀"的声音。

他坐在那里,回忆从老人那里学到的一切。

他知道自己已经懂得了如何享受此刻。

现在他能更好地把握此刻,关注此刻发生的事,并将注意力投注到今天重要的事情上。

他发现这样做对他帮助很大!

每当全神贯注于正在做的事情时,他总是感觉非常快乐,

礼物的故事

而且效率更高也更成功。

　　他从过去的经历中总结出经验教训，用它们来改善此刻的状况。他不再像以前那样总是犯同样的错误。

　　他还发现，积极计划将来通常会使将来变得更好。不过，他觉得自己仍然必须注意，不能对将来的事情想得太多，尤其是现在没有老人在一旁提醒和帮助自己。

　　他闭上眼睛，轻轻地荡了荡秋千，专注地体会此刻，感觉心情平和了许多。

　　渐渐地，他感觉老人仿佛就坐在自己身边，这种感觉非常真实。

　　他几乎可以听到老人的声音在重复着他们之间的几次对话。他又一次感受到老人的智慧，感觉到老人关爱的温暖。

　　他不明白老人为什么要花这么多时间帮助自己和其他人领悟"礼物"的内涵。

　　老人自己也有很多事情可做。但他为什么会选择把"礼物"的奥妙与人分享，而不是为他自己做些事情呢？

　　中年人继续闭着眼睛荡着秋千，同时全神贯注地思考这个问题。慢慢地，答案渐渐清晰起来。

　　老人之所以这样做，是因为他有着一个超越了个人得失的目标。他的目标——也是他每天起床的动力——就是帮助尽可能多的人工作和生活得更快乐、更高效和更成功。

有目标地工作和生活是一种存在于日常生活中的实际态度。

老人做每件事时都很清楚自己的目标是什么。

不论与他人分享礼物的故事，主持公司会议，还是与家人共度闲暇时光，他都有明确的目标。

正是这种目标意识把现在、过去和将来联系在了一起……并使得他的生活和工作变得更有意义。

中年人猛地睁开眼睛。就是这个！这就是贯穿一切的线索。

正是此刻使得工作与生活变得有意义。

他拿出笔记本，写了起来：

把握此刻、向过去学习和着手创造将来并不是全部。

只有当你的工作和生活有了明确的目标，并对现在、过去和将来重要的事作出回应的时候，一切才有意义。

他停下笔，看着自己刚写下的话，思索着它们的含义。

他明白，目标明确不仅指知道自己该做什么，还要知道为什么这样做。

有目标地工作和生活并不是指要有什么宏大的规划或人生设计，而是一种存在于日常生活中的实际态度。

它意味着，每天醒来时，你都知道这一天行动的结果对自己和其他人有什么意义。

他终于明白：

你会如何行动
取决于你的目标。

当你想过得更快乐
更高效,
这个时候
就要把握此刻。

当你想让现在比过去好,
这个时候
就要向过去学习。

当你想让将来比现在好,
这个时候
就要着手创造将来。

当你有目标地
工作和生活,

并认真做好
今天最重要的事,

你就能够更好地
领导、管理、支持别人,
也能成为更贴心的朋友和爱人。

中年人明白了，再也没有自己信任的导师来指导他，现在需要自己独立地创造将来。

他不知道自己是不是能应付得来。

想到这里，他笑了起来。他知道老人一定会对他说：

每个人都有足够的知识、资源和能力着手创造自己的将来。就在今天！

有些人在小的时候就接受了"礼物"，有些人则要到中年、甚至老年才能领悟，有些人却永远也无法领悟"礼物"的意义。

中年人荡着秋千，让思绪回到此刻。

他找到了自己的目标。他要把自己学到的东西拿出来跟其他人分享！这让他觉得非常快乐、非常成功。

想到成功，他知道，对不同的人，成功有着不同的含义。

成功可能是过上平静的生活；可能是工作更加顺利；可能是与家人和朋友们在一起享受更多美妙的时光；可能是得到一次提升；可能是身体更健康；可能是赚到更多钱；或者仅仅是做一个帮助别人的更高尚的人。

回顾从老人那里学到的东西，以及从自己的经历中领悟到的东西，他认识到：

更成功是指
更大限度地成为
你能成为的那种人。

我们每个人
对成功
都有各自不同的定义。

中年人知道自己已经掌握了一个重要的方法，能够使所有人每天的工作和生活变得更好。

他想，这太简单了。专注于此刻，吸取过去的经验教训并设定将来的目标，这使得他过得越来越好。

集中精力处理当前的事务，使他变得更高效更成功。

他关注眼前最重要的事情，发现和应对随时出现的机遇和挑战。与此同时，他还懂得感激和珍惜同事、家人和朋友。

他也意识到，自己毕竟是个凡人，所以不是总能把握此刻，偶尔也会偏离轨道。

但是这种情况出现的时候，他总能及时提醒自己回到此刻，让自己更快乐更高效。

"礼物"一直在老地方等着他。只要他愿意，随时可以把这个礼物送给自己。

他决定总结一下自己学到的东西。

他可以把这份总结放在桌上，每天提醒自己。

The Present

礼 物

利用此时此刻来享受工作和生活的三种方法！

把握此刻

当你想过得更快乐更高效的时候
专注于现在好的方面，
并全力做好现在最重要的事。

向过去学习

当你想让现在比过去更好的时候
审视过去发生的事情，
从中吸取经验教训，
今天就采取不同的做法。

着手创造将来

当你想让将来比现在更好的时候
想象一个美好的将来是什么样的，
制定一个切实可行的计划，
今天就做些事情使之成真。

明确你的目标
发掘让你的工作和生活
更有意义的方法。

接下去的几年里,中年人反复应用他所学到的这些东西。

他发现自己并不能一直把握此刻,但是能够利用此刻使自己过得更快乐、更成功,这已经成了他生活中越来越重要的一部分。

面对不同的情况,他会作出相应的调整。现在他对自己所做的工作已经越来越游刃有余了。

他得到了许多次重要的提升。

最后,他成了自己公司的领导人,得到了周围所有人的尊敬和爱戴。

和他在一起,人们感觉自己也充满着活力。在他面前,他们感觉更自信了。

他似乎比其他人更善于倾听,更善于观察和解决问题。

在个人生活中,他组建了一个和睦美满的家庭。他和妻子、孩子们互相关怀、不分彼此。

在许多方面,他都已经达到了他所敬佩的老人的境界。

他也很乐意把自己发现的"礼物"与其他人分享。

他知道许多人很喜欢这个故事,而且从中学到了东西,而有些人却一无所获。

当然,他也知道,这一切都取决于他们自己。

一份让你今天就变得更快乐、更高效、更成功的礼物。

一天早上，一群新员工聚集到他的办公室。他习惯于亲自欢迎所有新员工。

一位年轻的女士注意到那张题为《礼物》的卡片，问："我可以问个问题吗？请问您为什么把这个放在桌上？"

"当然可以。"他回答。

"这张卡片记录了我听到的一个故事，故事很耐人寻味，也很实用，讲故事的是一位非常了不起的长者。故事讲的是如何享受工作与生活，它会帮助你今天就变得更快乐、更高效、更成功——当然，这是从广义上讲的。如果你能很好地应用它，它会帮你发现你的目标。

"我发现这个故事对我帮助很大，所以我把它带在身边，提醒自己做那些有意义的事。"

几位新员工都看着那张卡片。

"我可以看看吗？"那位年轻女士问。

"当然可以。"

中年人把镶着镜框的卡片递给了她。

年轻女士慢慢地读完，再把它传给其他人。

接着，她说道："这上面写的东西似乎对我目前的处境很有帮助。"

最后当卡片回到主人手上的时候，她问道："能给我们讲讲那个故事吗？"

这群人围在会议桌旁聆听那个故事。之后，他们围绕着如何把"礼物"运用到工作和生活中去展开了一场热烈的讨论。离开办公室前，他们每个人都得到了一张同样的卡片。

　　接下来的几个月里，中年人发现有些新员工似乎已经领悟了"礼物"的含义，他们的工作非常出色。有些人则抱着怀疑的态度，或者已经完全把礼物的故事抛到了脑后。

　　过了一段时间，曾经问起"礼物"的那位年轻女士又来到了他的办公室。

　　她现在已经承担起更多的职责，表现非常出色。"我只是想感谢您讲了礼物的故事，"她说，"我一直随身带着那张卡片，常常拿出来看看。它真是太有用了。"

　　说完，她离开了办公室。

　　后来，她把这个故事讲给家人、朋友和同事听。

　　许多听过故事的人都得到了很好的发展，他们所在的公司也随之受益。

　　中年人很高兴地看到，自己从老人那里学到的东西正在帮助下一代人。

　　几十年后，中年人也成了一位快乐、成功、受人尊敬的老人。

他的孩子们都已经长大成人，各自成家立业。他的妻子成了他最好的朋友和最亲密的伙伴。

虽然他已经退休了，但"礼物"仍然帮他保持着充沛的精力。他和妻子都慷慨地投身到社区的事务中去。

一天，一对年轻夫妇带着他们的女儿搬到了这条街上。不久，一家人就来登门拜访。

做客的时候，小女孩非常喜欢听老人讲话。同他在一起很有意思，他一定有什么特别之处，虽然她不知道那是什么。老人看起来非常快乐，她也变得很快乐而且更有自信。

"究竟是什么让他这么与众不同呢？"她很好奇。"这么大年纪的人怎么还能这么开心呢？"

有一天，她说出了自己的疑问。老人笑了起来。他给小女孩讲述了礼物的故事。

听完之后，小女孩高兴地跳了起来。

老人听见她跑出去玩的时候都在欢呼：

"哇！

"真希望有一天也有人能给我一个……

现在！收下这份属于你的独一无二的礼物。

礼物!

讲故事
之后

After The Story

比尔讲完了故事，莉斯微笑着说："哇，这正是我需要的。"她安静地想了一会儿。

接着，她说道："你大概也注意到了，我记了很多笔记。显然，这里面有不少东西需要好好想想。

"我喜欢专注于现在发生的事，并且立刻得到好的结果。

"以前我一直认为成功就是得到最终的结果。但是，如果每天都朝着重要的事情迈进，就可以变得更高效和更成功，这也确实很有用。不是每件事都必须一步到位。那样事情就变得简单了。"

然后，她说："非常感谢你给我讲了这个故事，比尔。"

接着，她又说："我想我会试着把这些东西应用到实践中去，看看它们会给我带来些什么。等到那时候，我们再见一次面好吗？"

比尔同意了："当然好。"

"跟你见面真开心。"莉斯说。两人又说笑了一阵，莉斯就离开了。

看着她离去，比尔不知道这个朋友究竟从故事中得到了什么。

他必须耐心地等一阵子才能知道。

在那之后的一天早上，每周团队例会结束后，比尔发现语音信箱里有一条留言，是莉斯留的。

"比尔，最近有空一起吃午饭吗？"

几天以后，当比尔来到约定的餐厅，莉斯已经等在那里了。她已经不像上次那样疲惫和焦虑了——而是恰恰相反。他说："你看起来好极了，莉斯。怎么回事？"

莉斯笑了起来。"你还记得你给我讲的礼物的故事吗？"

比尔点点头。"当然记得。"

"哦，在那之后发生了很多事情，我简直迫不及待要告诉你一切。

"上次一起吃过午饭后，我看得出你比以前我们一起工作时有了很大变化——变得更好了！

"所以，虽然我还有些怀疑，但还是开始认真思考那个故事，因为很明显它确实对你有效。

"我真的很喜欢'从工作和生活中得到更多享受'这个点子。

"几天以后，在上班的时候我又想起了它。

"我被上司逼得快不行了。繁重的工作已经把我累垮了，她却一个劲儿地催我们修改营销计划。我觉得那个计划根本没有

必要改。再说，我们还有那么多别的事情要做，我觉得在这个时候她还给我们派更多的活儿，实在不近人情。

"她总是说经济和市场环境都在变化，我们应该去适应这些变化，但是我根本不想听。

"这已经是她的老生常谈了。她说我们早就该制定新的营销计划。可这一次，她居然说我还停留在过去的成功上不思进取，说我放不下过去。

"我的第一反应就是不理会她的话，我知道自己还有好多项目要做。

"但是，我突然想起了故事里老人说的那句话：'你可以向过去学习，但活在过去是不明智的。'我开始怀疑自己是不是真的太放不下过去。

"而且，我也很忧心将来——我觉得自己还没准备好迎接它。"

她笑了起来，接着说道："我想我一直把时间花在过去和将来的事情上，唯独没有考虑到现在。

"不管怎么样，我认真思考了那个故事，尤其是结尾部分。"

"哪个部分？"比尔问。

"就是那个中年人认识到'活在此刻是指明确眼前的目标，并采取实际行动'的那部分。

"开始的时候我不太明白这句话。但是我发觉自己不时地停

下来问自己：'我现在的目标是什么？我要做些什么才能实现它？'

"于是，我就回头去翻笔记。为了更容易看懂，我已经把笔记都整理过了，而且加了一些如何应用的方法。接着我进行了尝试。

"第一次尝试是在家里。一天早晨，我正准备上班。曾有很多次，在吃早餐时我总是匆匆忙忙的，没能好好照看儿子。

"但是那一天，当我专注于此刻，意识到自己在那一刻的目标是做个好妈妈时，我就细心地呵护和关爱儿子——真正和他在一起。我认真听他讲那些他认为很重要的事情。这让儿子和我都觉得很开心，那一刻真是非常愉快。

"把握此刻居然这么容易，简直太让人惊讶了，而且，这样一来，那一天就变得完全不同了。"

比尔笑了起来。莉斯继续说道："这个故事带来的效果令人吃惊，不仅是我，那些听我讲过这个故事的人也觉得很有帮助。"

"还有其他人？"比尔好奇地问。

"是的，比如说，有一天，我们的一位明星推销员看起来情绪不好。于是我提议一起喝杯咖啡。

"我问他遇到了什么烦心事。他抱怨说他现在的收入还不到去年同期的一半。我问他为什么会这样，他说：'市场情况非常糟糕。在这种环境下，没有人能把东西推销出去。'

"接着他的怨气真的上来了。他告诉我：'我的上司觉得我之所以不能像以前那样完成销售额，是因为我现在工作松懈了。我简直不能相信。去年我为公司赚了很多钱，这难道都不算吗？'"

莉斯接着说道："于是，我给他讲了礼物的故事。那是三个星期前的事了。前两天，他经过我的办公桌时，特意停下来打招呼，笑得开心极了。我问他：'什么事这么开心？'

"'我刚刚搞定了一笔大单子！'他高兴地宣布。我们出去走了走。他说他现在工作这么顺利，是因为学会了放开过去，把握此刻。

"他说，当他想着自己过去赚那么多钱而现在才这么一点，就会满腹怨气，他的客户们也能感受到他的不满。

"'现在，只要一看到客户脸上出现不愉快的神色，'他说，'我就会在心里问自己正在想什么——通常我都是在想今年的生意比去年难做。

"'接着，我会问自己当前的目标是什么，我是在努力完成销售任务，还是为客户提供满意的服务？

"'往往这样一想，我就会清醒过来，发现自己的忧虑对客户来说根本不重要。我发觉，当我明确自己的目标是帮助客户得到他们想要的东西时，我的效率就会更高。

"'放下过去，全身心地投入此刻，我真正关注如何帮助客

讲故事之后　97

户满足他们的需求——不想其他任何事。当我这样做的时候，瞧，订单来得更多了。'"

莉斯继续说道："他发现，只要尽力把今天的工作做好就可以了。因为这才是他真正能够掌控的事情。

"他说明白这一点对他每天的工作很有帮助，效果太神奇了，简直让人难以置信。

"他还说，一旦想通了这一点，顿时感觉压力小了很多。如今，他又重新发现了工作的乐趣。

"他还把故事里的几句话写在纸上——按他记忆中的样子——把它们贴在办公室的墙上。我还去看了呢！"

比尔看着他的朋友，笑了起来。"太好了，"他说，"你还给别的人讲过礼物的故事吗？"

"是的，我确实还给别人讲过！"莉斯继续说道。

"我在公司有个好朋友，前些日子经历了一次痛苦的离婚。她很受伤，也很气愤，还影响到了工作。她负责的几个项目的进度都落后了，而且经常请病假，弄得上司很恼火。

"一天晚上，我去了她家。我们聊了很久，后来我给她讲了礼物的故事。

"几天之后，我的朋友在我的桌上放了一只碗。她告诉我，每当她没有专注于此刻，开始想离婚的事，或是因为前夫而生气的时候，她就会到我办公室来，放一美元到这只碗里。

"她说，等到她不再往碗里放钱的时候，就请我出去吃饭。她笑着说，到时候碗里的钱肯定够我们大吃一顿。

"开始的几个星期里，她差不多每小时都会过来往碗里放一两美元，如果她沉浸于过去，翻来覆去地追悔过去的时候，就会往碗里放三美元。但是渐渐地，她往碗里放的钱越来越少了。让人惊讶的是，这个星期，碗里居然一美元都没有。

"前两天她告诉我，只有当她真切地看到回忆过去浪费了她那么多时间和金钱时，她才明白这样做对自己的坏处有多大。

"她无法专心工作，朋友们也听厌了她的抱怨，而她自己也被折腾得筋疲力尽。

"她这样做似乎是打定主意让自己一直受伤和愤怒下去，而不是向前看，改善自己的生活。

"她说，从过去学到的东西越多，对往事越放得开，她就越能专注和享受此刻。

"她说她发现感激和珍惜自己所拥有的东西对她特别有帮助，哪怕只是微不足道的小事，接着再为自己描绘一个美好的将来。

"她甚至已经着手创造将来。

"以前，一天的工作结束后，她总是又疲惫又气愤。而现在，在开车回家的路上，她会想象回家后想要一个什么样的'不远的将来'。

"下车进家门的前一刻,她会设想接下来的几个小时怎么过。她看到自己更多地和家里的每个人待在一起,不让报纸或电视分散自己的精力。

"她看到自己更放松,享受着家庭生活,做一个好妈妈。

"她说确实很见效。孩子们更开心了,而且还更能帮助她从过去走出来。现在家里的状况好极了,连她自己都难以置信。

"我的朋友的工作表现也好起来了,"莉斯说道,"有些人已经注意到了,尤其是她的上司。"

"今天早上,她到我的办公室来,对我说:'看样子我们下个星期要去好好吃一顿了——我请客!'"

比尔高兴说:"这太好了,莉斯。"

"是的,确实太好了!"莉斯也很高兴。

接着她又说道:"我告诉我丈夫,运用礼物这个故事中的道理使我和我的同事们的工作有了很大改善。"

"我丈夫一直为家里的花销担忧,"她继续说道,"比如我们怎么支付两个孩子上大学的费用之类的,其实我们的双胞胎现在才五岁。"

"他总是一心想着升职,好多挣些钱,买一栋大一些的房子。他还怕退休以后我们的钱不够用。

"我很高兴他这么有责任感,对家庭这么关心。但是我也看得出来,他压力很大,虽然他自己没有意识到。"

"我曾经想把礼物的故事讲给他听,但还是决定等他自己想听的时候再讲。

"一天晚上,他说想听听那个故事。于是,我给他倒了一杯他最喜欢的葡萄酒,给他讲了礼物的故事。

"我不知道他有没有认真听。但是,我讲完的时候,他说:'我最喜欢这个故事里着手创造将来的那部分。'

"他接下来说的话让我很惊讶,'我喜欢那三个步骤。想象一个美好的将来,制定一个计划,并且做一些事来使之成真。'

"想了一会儿,他建议说,'周六上午咱们拿出点时间,开始设计我们将来的经济蓝图吧。'

"我同意了,还提议说,'从今天开始,可以把咱俩的收支记录或其他你觉得有必要的东西统一放到一起。'他似乎很喜欢这个主意。'

"那个周末,我们开了一个非常好的理财会议,那是我们开过的最好的一次。我们想象我们想要的生活,还解决了几个拖延已久的问题。我们甚至开始拟定一个计划。

"那个星期快结束的时候,我丈夫走过来高兴地拥抱我。我问他为什么这么开心,他回答说:'我感觉比过去好多了。'

"他说:'那位老人说着手创造将来的时候,将来就会变得更确定,此刻的焦虑就会变少,我开始明白他这话的意思了。

"'我过于担忧将来,没能享受我们此刻拥有的东西——今

讲故事之后

天!

"'我拼命地赚钱。可突然间,我发现即使我一年能赚一百万美元,还是有我们负担不起或是来不及准备的东西。'

"他说他发觉自己过于注重将来的经济问题,而没有享受眼前的家庭欢乐。他已经忘了自己这么努力工作原本是为了什么。

"他这样做好像他的目标就是赚钱,而不是用赚来的钱来关爱和供养家人。

"他说:'我知道我应该认真、投入地过每一天,而不去揣测将来会怎么样。不管我们开什么车,住多大的房子,只要看见我们开开心心地在一起,孩子们就会觉得快乐。

"'像咱俩上周末那样为将来作打算确实没错,但我们不应该活在将来。我现在明白这两者之间的区别了。'"

莉斯沉默了一会儿,回想着与丈夫的对话。

比尔笑了笑,问道:"你在工作中有没有发现这些道理很实用呢?"

"是的,"莉斯回答,"最近我们接到通告,知道有个部门的销量正在下降,而且问题就出在我们公司以前最畅销的一种产品上。"

"有传言说公司会削减成本,还要裁员,跟那个故事里说的情形没什么两样。

"这让我们很多人都非常担心,因为我们的一些朋友可能因

此失去工作，甚至可能就是我们自己。我问自己在这种情形下能做些什么。我意识到我们应该全力开发更新更好的产品。

"我发了一封信，让大家认真考虑一下如何用新产品来创造将来。之后，在一个早会上我们用两个小时讨论了这个问题。

"会议非常热烈，持续的时间比我预想的要长。不过，在午饭之前，我们终于取得了重要的突破。

"当天下午，大家就反馈了一些很有价值的产品改进意见。

"我发现，通过许多人齐心协力，我们完成了需要准备的事情。接着，我就能更好地重新关注当前公司的需求。

"那天晚上，我去参加了女儿的夏季足球联谊赛。看比赛的时候，我把未来产品的事先放到一边，全神贯注于比赛，专注于我女儿。工作的事情可以明天再想。

"比赛结束后，我跟女儿一起待在那里，这是我以前从未做过的事。

"当然，我也意识到，此刻最重要的事情是在不断变化的。我现在的目标就是在尽心尽力工作和当一个贤妻良母之间取得平衡。这个目标使我做的事更有意义。

"我发现，当我全神贯注于手头的事情时，往往能把事情做得更好。

"而且，不仅是我，我的家人和许多同事也学会了这个方法。"

比尔问:"你把笔记跟他们一起分享了吗?"

"当然了!"莉斯回答。"我扩充了一些笔记的内容,凭着记忆把整个故事写了下来,然后和其他人一起分享。"

"我得承认,并不是所有听过或读过这个故事的人都能从中受益。我有好几个同事就什么也没得到。

"不过,那些确实从故事中悟出道理的人工作更出色了,也给我们公司带来了积极的影响。"

莉斯建议道:"或许你可以回公司亲眼看看。"

比尔说他倒是很想看看她写的东西,于是约定最近去办公室找她。

莉斯看了看表,发现该回去上班了。她拿起账单,说:"比尔,真的非常感谢你给我讲了礼物的故事。它真的让我更好地享受工作和生活。"

"别客气,莉斯,"比尔说,"我也很高兴你把这个故事运用得这么好。"

"更重要的是,你已经认识到专注于此刻的人越多,对他们自己、他们的家庭和公司就越有好处。这一点你自己已经意识到了。"

"嗯,"莉斯说,"这是一个给人以启发和实际指导的伟大蓝图。"

"把握此刻,你今天就可以更快乐、更成功,最终有一天,

它会变成你人生的一部分。

"我一定会在公司里更多地运用它。一旦找到了什么有用的东西，我总是希望尽快让更多的人也来用一用。"

她又补充说："让人们在工作和生活中变得更快乐、更成功，这对他们周围的每一个人都有好处。

"我要把这个故事跟其他人一起分享。"

比尔微笑着说："我那个'怀疑一切'的朋友怎么不见了？"

莉斯也笑了，"或许她只是送给了自己一个……

礼物!!!

关于《礼物》
About The Present

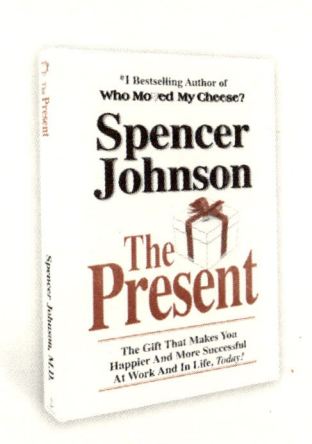

用1个小时你就可以读完手中的这份《礼物》，但为了创作它，斯宾塞·约翰逊却花了5年时间。在出版之后，一直非常低调的斯宾塞·约翰逊接受了美国《新闻周刊》的专访。在这次非常难得的采访中，斯宾塞为我们讲述了《礼物》背后的故事。

这里摘录其中的一些精彩对话片断。（原文刊载于2003年10月16日美国《新闻周刊》，詹尼弗尔·白瑞特。）

您的前两本书（《谁动了我的奶酪》和《一分钟经理人》）的销量在全世界范围内超过了3000万册，这个数字令人难以企及。

我作了很多读者调查。除非很多人已经读了我的书，除非我听取了他们的反馈，并着手修改，写出对许多读者有益的书，否则，我不会出版我的书。最初的读者就是我的编辑，我尊重来自他们的任何反馈。我写书是根据读者的需求而不是自己的写作欲望，可以说，我现在是真正做到了为读者服务。我对读者的建议关注得越多，书的销量理所当然就会越好了。

对于最近几本书的成功，您感到吃惊吗？

出书的经济原则允许出版商对一本书做为期1～3个月的积极行销活动，之后就靠书的口碑了。尽管代理或广告很有用，但仅靠这些是不行的，一本书必须打动读者的心灵和思想。但是我没想到这些书在全世界卖得这么好。全世界的人都在购买同样的书并从中寻找同样的东西，这种现象的确蔚为壮观。

您什么时候形成《礼物》这本书的构思？

我在脑中开始构思《礼物》是在20世纪80年代早期，到现在有20年了。

为什么过这么久才正式出版呢？

我喜欢长时间地构思一本书。很多演讲不是告诫我们不要随波逐流吗？读者确实有能力明辨是非，分清真假和虚实。在独自领悟生活的真谛之前，你首先得活得真实。我喜欢细细体会写作的过程，也很欣赏读者的评论。读者真正参与了这本书的编辑和创作。一旦走出了自我的圈子，你就会觉得更有乐趣、更轻松，也更健康。

您有多少位测试读者？您又是怎样选择他们的呢？

我通常都会请100个人读我的手稿，而且他们必须是我不

认识的。因为我的书首先定位于工作人群，因此我们会联系公司里的职员，或者以前买过我的书的人，或是采用我书中的理念进行培训的人，询问他们公司里有没有其他人愿意读一读手稿。我请他们询问其他人，这样就避免了我直接联系，让他们说出流于表面的恭维之词。

您想象中的读者是什么人？

我通常会把所有人都看成我的读者。我并不在意他们之间的差异，这也许正是我的书能满足广大读者的原因。我们每个人都有很多相同之处：我们都在努力，我们都有恐惧，我们都想得到追求的东西。我的书就是为这些人所写的。

您担心《礼物》会收到读者负面的反馈吗？

这本书是一份礼物，它是为了让你更成功、更快乐。把这本书当成礼物的那些人应该会少一些抱怨，而多一些赞赏吧。

您为什么会以寓言的方式来写这本书呢？

最根本的原因是人们不喜欢说教，而喜欢自己发现东西。一本典型的励志书会告诉人们该做些什么，但在一个寓言或者故事中，你可以观察书中的人物，然后从中挑选出自己喜欢的内容，很可能还会发现很实用的东西，可以把它应用到工作和生活中去。

作为励志大师，斯宾塞·约翰逊善于运用深入浅出的真理，帮助读者们发现生活和工作中的乐趣，《礼物》一书更是巧妙运用一语双关的妙喻：在英语里，present 既可以指"礼物"，也可以指"现在"、"当下"，人们总在寻寻觅觅有形的"礼物"，却往往忽略了自己早已拥有的礼物——无形的"此时此刻"——才是最珍贵的。

你的工作不顺利吗？你的生活乱成一团吗？你的爱情总起伏不定吗？和故事中的年轻人一样，你也可以找到属于你的"礼物"，亲身体验追求自我、活在此刻的人生游戏！

就在今天！

图书在版编目（CIP）数据

礼物／〔美〕约翰逊著；刘祥亚，潘诚译．－3版．
－海口：南海出版公司，2013.2
ISBN 978-7-5442-6469-3

Ⅰ．①礼…　Ⅱ．①约…②刘…③潘…　Ⅲ．①个人－
修养－通俗读物　Ⅳ．①B825-49

中国版本图书馆CIP数据核字（2013）第003462号

著作权合同登记号　图字：30-2004-51
THE PRESENT
by Spencer Johnson, M.D.
Copyright © 2003 by Spencer Johnson, M.D.
This translation published by arrangement with Broadway Business, an imprint of
The Crown Publishing Group, a division of Random House, Inc.
Through Bardon-Chinese Media Agency
ALL RIGHTS RESERVED

礼物
〔美〕斯宾塞·约翰逊 著
刘祥亚　潘诚 译
恩佐 图

出　　版	南海出版公司　（0898）66568511
	海口市海秀中路51号星华大厦五楼　邮编 570206
发　　行	新经典文化有限公司
	电话(010)68423599　邮箱 editor@readinglife.com
经　　销	新华书店
责任编辑	林妮娜
装帧设计	徐　蕊
内文制作	王春雪
印　　刷	北京彩虹伟业印刷有限公司
开　　本	880毫米×1230毫米　1/32
印　　张	3.75
字　　数	62千
版　　次	2005年4月第1版　2009年11月第2版　2013年2月第3版
	2013年2月第28次印刷
书　　号	ISBN 978-7-5442-6469-3
定　　价	28.00元

版权所有，未经书面许可，不得转载、复制、翻印，违者必究。